아이스 브레이크 과학수업 1
세포

이승진 글
대학에서 국어국문학을 전공하고 지금까지 많은 어린이 책을 기획하고 집필해 왔습니다. 쓴 책으로 《마주 보는 지식라이벌(세계 문화 편)》《1등으로 보는 세계 지리 여행》《어린이를 위한 내 몸 사용 설명서》《지구 마을 상점에서는 무얼 팔까?》《배려하는 습관을 기르기 위해 떠나는 여행》《으랏차차! 논술의 고수》 등이 있습니다.

최해영 그림
어린 시절 맨날 골목에서 뛰어놀던 추억을 떠올리며 재미있고 따뜻한 그림을 그리려 합니다. 그린 책으로는 《싫어! 지겨워! 짜증 나!》《선사 시대 제물이 된 찬이》《또 하나의 가족 반려동물》《내 용돈, 다 어디 갔어?》 등이 있습니다.

권오길 감수 추천
서울대학교 생물학과와 동 대학원을 졸업했으며, 서울대학교 대학원과 중앙대학교 대학원에서 동물학 석사 및 박사 학위를 받았습니다. 지금은 강원대학교 자연과학대학 명예 교수로 있습니다.

아이스 브레이크 과학수업1
세포

구판 1쇄 발행 2014년 3월 24일
1판 1쇄 인쇄 2025년 3월 14일 | 1판 1쇄 발행 2025년 3월 20일

글쓴이 이승진 | 그린이 최해영 | 감수 권오길
펴낸이 정중모 | 펴낸곳 열림원어린이 | 등록 1988년 1월 21일(제406-2000-000202호)
주간 서경진 | 편집 정혜연, 김보라 | 디자인 권순영 | 마케팅 홍보 김선규, 고다희
디지털콘텐츠 구지영 | 제작 윤준수 | 회계 김선애
주소 경기도 파주시 회동길 152
전화 031-955-0670 | 팩스 031-955-0661 | 인스타그램 @bluebird_publisher
전자우편 bbchild@yolimwon.com
ISBN 978-89-6155-540-1 74400, 978-89-6155-541-8(세트)

어린이제품안전특별법에 의한 제품 표시
제조자명 열림원어린이 | 제조년월 2025년 3월 | 제조국 대한민국 | 사용연령 7세 이상

아이스 브레이크 과학수업 1

세포

열림원어린이

읽기 전에

현미경으로 혈액을 관찰하면 눈으로는 볼 수 없던

작은 물질들을 발견할 수 있어요.

바로 혈액을 이루는 여러 가지 세포들이에요.

세포는 생물을 이루는 기본 단위예요.

눈에 보이지 않을 만큼 아주 작지만,

생명을 가진 '살아 있는 존재'들이지요.

그래서 세포로 이루어진 생물은 살아 있는 '생명체'가 돼요.

세포는 어떻게 생물을 이루고, 어떻게 생명을 이어 나갈까요?

이제부터 세포에 관한 놀라운 사실들을 함께 알아봐요.

차례

세포가 뭘까? 6
> 더 알아야 할 교과서 과학 지식

세포를 어떻게 볼 수 있을까? 30

세포 속엔 뭐가 있을까? 32
> 더 알아야 할 교과서 과학 지식

생물과 무생물의 차이는 뭘까? 56

세포가 모이면 뭐가 될까? 58
> 더 알아야 할 교과서 과학 지식

탯줄 속에 줄기세포가 있다고? 84

세포는 어떻게 생기고 어떻게 죽을까? 86
> 더 알아야 할 교과서 과학 지식

죽지 않는 세포도 있을까? 108

> 꼭 알아야 할 교과서 과학 지식

세포 110

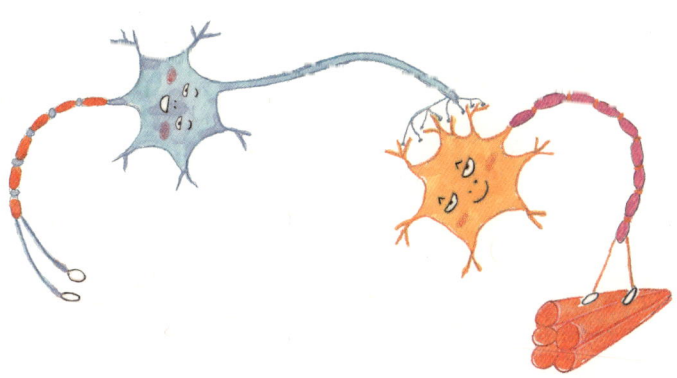

세포가 뭘까?

세포는 생물을 이루는 기본 단위예요.
우리 몸도 세포로 이루어져 있답니다.
눈이나 팔, 귀, 심지어 뇌까지
대부분이 세포로 이루어져 있어요.
우리 몸을 이루는 세포에 대해 알아봐요.

윤기는 생일 선물로 부모님께 스마트폰을 받았어요.
"야호! 나도 드디어 스마트폰이 생겼다!"
윤기는 신이 나서 어쩔 줄을 몰랐어요.
이제 친구들에게 스마트폰을 빌리지 않아도
새로운 게임을 마음껏 할 수 있기 때문이에요.
물론 엄마, 아빠에게는 스마트폰으로
영어 공부도 하고, 숙제도 할 거라고 말했지만요.
윤기는 스마트폰이 생긴 뒤로,
틈만 나면 게임을 하느라 정신이 없었어요.
게임할 생각에 밥도 대충 먹기 일쑤고,
심지어 엄마, 아빠 몰래 새벽까지
잠도 자지 않고 게임을 하기도 했어요.

그러던 어느 날 새벽,
윤기는 끔찍한 악몽에 잠을 깨고 말았어요.
"으악! 안 돼! 안 돼!"

윤기의 몸이 모래알처럼 작은 가루가 되어
흔적도 없이 사라지는 악몽이었지요.
윤기는 오싹해서 좀처럼 잠을 이룰 수가 없었어요.
악몽은 그날로 그치지 않았어요.
계속 같은 악몽을 꾸며,
잠을 설친 지 3일째 되는 날이었지요.
그날도 윤기는 악몽 때문에 식은땀을 흘리며
막 잠에서 깨어난 참이었어요.
어디선가 웅성웅성
떠드는 소리가 들려왔어요.

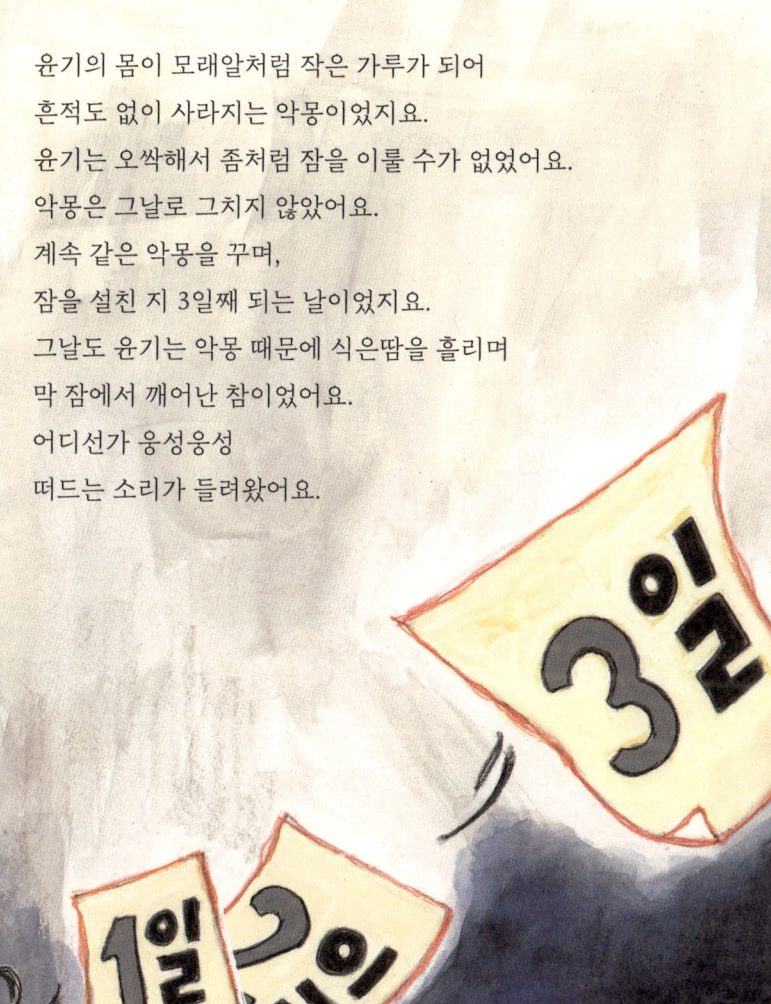

'아, 너무 힘들어!'
'더 이상은 버티지 못하겠어!'
'이러다간 우리 모두 지쳐서 죽고 말 거야!'
윤기는 깜짝 놀라 두리번거렸지만,
주위에는 아무도 없었어요.
'대체 어디서 나는 소리지? 호……, 혹시 귀신?'
윤기는 겁에 질려 온몸에 소름이 돋았어요.
바로 그때였어요.
'귀신이라니? 우리를 뭘로 보고!'
소리는 아까보다 더욱 또렷하게 들렸어요.
머릿속에 생생하게 울려 퍼지는 것 같았지요.
"앗! 말도 안 했는데, 어떻게 내 생각을 알았지?"
윤기가 놀라 말하자,
이번에도 웅성웅성하는 소리가 들렸어요.
'우리는 너고, 넌 우리니까!'

머릿속에서 다시 소리가 울렸어요.
'우린, 네 몸을 이루는 세포들이야!'
"내 몸을 이루는 세포라고……? 세포가 뭔데?"
윤기는 세포가 뭔지 몰라 고개만 갸웃했어요.
'어휴, 세포는 생물을 이루는 기본 단위를 말해.
네 몸도 세포로 이루어졌어.'
이번엔 여럿이 아닌, 하나의 목소리가
윤기의 머릿속에 생생하게 울려 퍼졌어요.
"내 몸이 세포로 이루어졌어?"
'당연하지! 네 눈도, 심장도,
팔과 다리 모두 세포로 이루어졌어.
난, 네 뇌를 이루는 뇌세포이고!'
윤기는 그제야 아까 들었던
'우리는 너고, 넌 우리니까!'
라는 말이 이해되었어요.

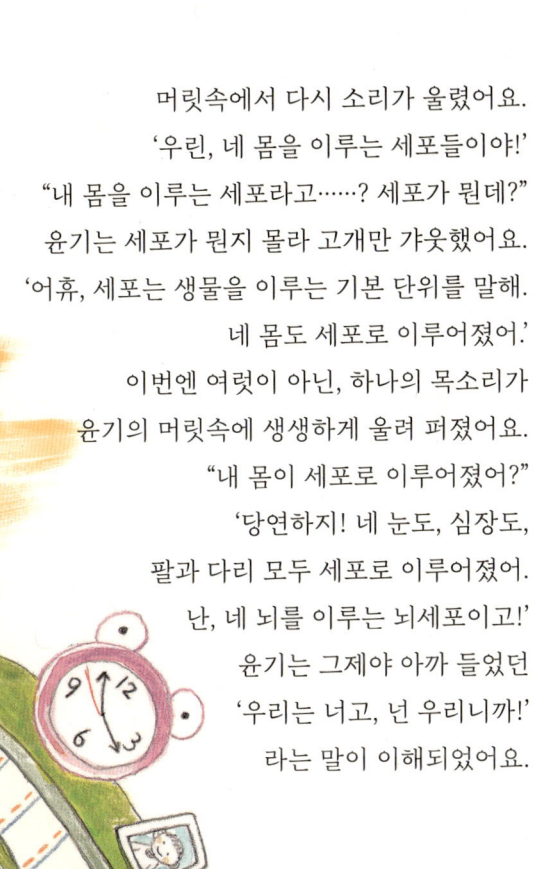

* 1마이크로미터= $\frac{1}{1,000}$ 밀리미터

20~30 마이크로미터

"와, 내 몸이 세포로 이루어져 있다니!
그런데 왜 난 그동안 세포를 보지도, 알지도 못했지?"
윤기가 의아해하자 뇌세포가 답답하다는 듯이 말했어요.
'그야, 세포가 워낙 작아서 안 보이니까 그렇지!
세포는 종류에 따라 크기가 다르지만,
보통은 약 20~30마이크로미터(㎛) 정도 크기밖에 안 돼.'
"마이크로미터? 그게 뭔데?"
'자에서 가장 작은 칸이 1밀리미터인 건 알지?
그걸 1,000개로 쪼갠 단위가 바로 마이크로미터야.'
윤기가 눈을 동그랗게 뜨고 말했어요.
"우아! 그렇게 작으면 어떻게 세포를 봐?"
'현미경을 사용하면 볼 수 있지.'
"와, 신기하다! 나도 봤으면 좋겠다!"

'야! 난 그걸 알려 주려고 나타난 게 아니야.
네가 오늘 꼭 알아야 할 것은 따로 있어!'
갑자기 뇌세포가 심각한 목소리로 말했어요.
"어? 뭐, 뭐야? 갑자기 왜 그렇게 무섭게 말해?"
그러자 뇌세포는 여전히 음산한 목소리로 대답했어요.
'네가 게임에 빠져서 잠을 잘 못 자는 바람에,
세포들이 모두 지쳐 버렸다고.
더 이상 버티지도 못할 정도로 말이야.
우리가 세 번이나 네게 경고를 보냈는데도!'
"경고라고? 그럼, 혹시 그 악몽이?"

'그래. 네가 꾼 그 악몽이 바로 우리가 보낸 경고야.
하지만 넌 줄곧 경고를 보내도 알아채지 못하더라고.
그래서 오늘은 내가 모든 세포들을 대신해서
직접 얘기를 전하러 온 거야.
앞으로도 네가 잠을 조금밖에 안 잔다면,
우린 죽어서 점점 사라지게 될 거야.
그렇게 되면 네 몸도……!'
"으……, 으악! 아, 안 돼!"
윤기는 몸이 모래알처럼 작아지다 결국 사라져 버렸던
끔찍했던 악몽이 떠올라서 덜컥 겁이 났어요.
'그러니까 앞으로는 잠을 충분히 자라고! 알았어?'
"아, 알았어! 앞으로는 꼭 일찍 잘게!"
윤기는 겁에 질려 뇌세포와 단단히 약속했어요.

일찍 자기

다음 날 아침, 엄마가 아직 잠에 빠진 윤기를 깨웠어요.
"윤기야, 얼른 일어나! 밥 먹고 학교 가야지!"
"으음, 싫어요. 배 안 고파요. 더 잘래요!"
그때 갑자기 뇌세포의 목소리가 생생하게 들려왔어요.
'야! 밥을 잘 먹어야 세포들이 힘을 얻고,
일도 잘할 수 있단 말이야! 우리 경고 벌써 잊었어?'
불현듯 지난밤에 세포와 만난 일이 퍼뜩 떠올랐어요.
윤기는 깜짝 놀라 자리에서 벌떡 일어났지요.
"아, 알았어! 먹을게. 먹으면 되잖아!"

억지로 식탁에 앉았지만 밥맛이 없었어요.
숟가락만 들고 한참을 뭉그적거리자
보다 못한 엄마가 답답하다는 듯 버럭 소리쳤어요.
"아침밥을 잘 먹어야 키가 쑥쑥 크지!"
'밥을 잘 먹어야 키가 큰다고? 아이돌 가수처럼?'
텔레비전에 나오는 키가 큰 아이돌 가수가 떠올랐어요.
윤기는 점점 밥 먹는 속도가 빨라졌어요.
문득 궁금한 생각이 들었어요.
'키가 큰 사람은, 세포도 다른 사람보다 더 클까?'
그러자 불쑥 뇌세포가 말하는 소리가 들려왔어요.
'아니야! 생물의 크기는 세포 수에 따라 달라져.
몸집이 커다란 코끼리는 사람보다
세포 수가 더 많다고!'

키가 훌쩍 큰 농구 선수는 세포 수가 너보다 훨씬 더 많아.

아이스브레이크

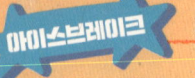

세포 □에 따라 생물의 크기가 달라져요.

(답은 31쪽에 있습니다.)

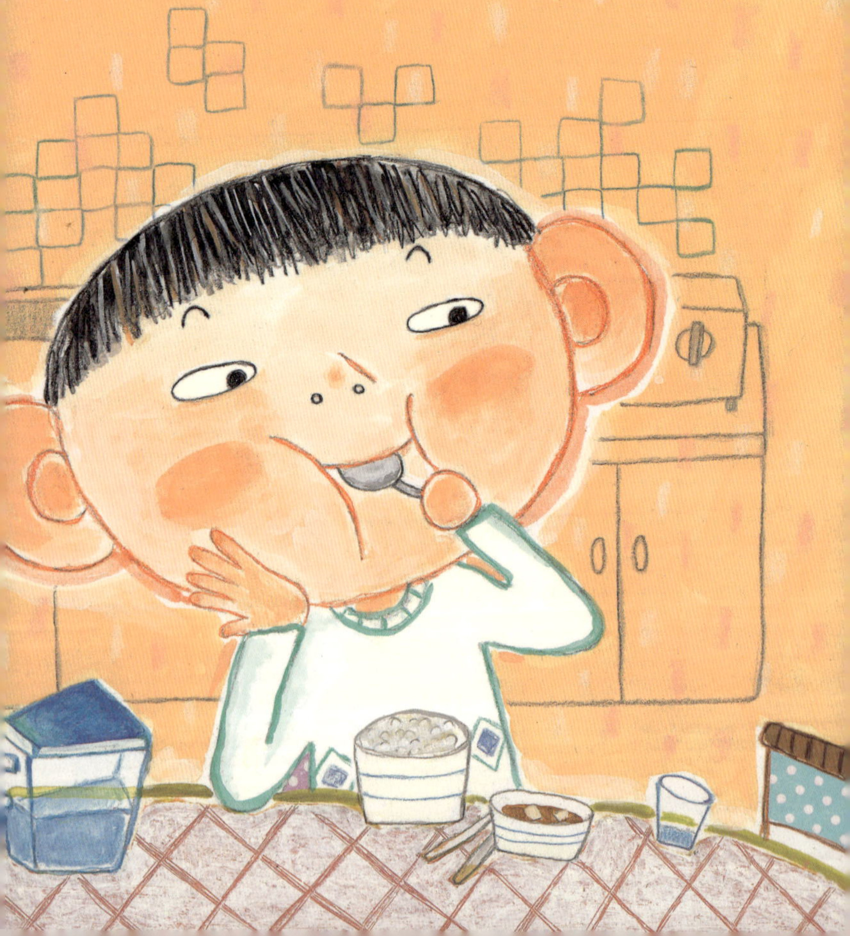

세포 수에 따라 생물의 크기가 달라진다니,
윤기는 뇌세포의 설명을 듣고 저도 모르게 감탄했어요.
"아하, 그렇구나!"
"뭐가 그렇다는 거니?"
뜬금없는 윤기의 말에 엄마가 물었어요.
윤기는 당황해서 더듬거리며 말했지요.
"아, 아니. 밥을 잘 먹어야 키가 큰다는 거요."
뇌세포도 깜짝 놀라 윤기에게 주의를 주었어요.
'나하고 말할 땐 굳이 소리 내서 말하지 않아도 돼!
난 네가 생각만 해도 다 알 수 있으니까!'
생각만으로도 대화가 가능하다는 사실이
윤기는 너무나 신나고 재밌었어요.
'그런데 내 몸엔 세포가 몇 개나 있어?'
'사람 몸엔 60~100조 개의 세포가 있어!'

27

'100조 개라고?'
윤기는 그게 대체 얼마나 큰 수인지 상상되지 않았어요.
뇌세포가 덧붙여 설명해 주었지요.
'가마니 하나에 모래알이 100억 개씩 들어 있다고 하면,
그런 모래 가마니가 약 1만 개나 있는 거지.
그만큼 사람 몸속에 세포가 많이 있는 거야.'
'우아, 굉장하다!'
그 순간 엄마가 소리쳤어요.
"어머, 윤기야, 너 지각이야! 어서 학교 가야지!"
"으악, 진짜네!"
윤기는 재빨리 가방을 집어 들고 부랴부랴 집을 나섰어요.
"엄마, 학교 다녀오겠습니다!"

더 알아야 할 교과서 과학 지식

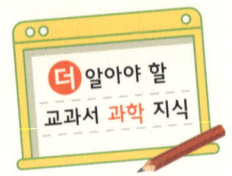

세포를 어떻게 볼 수 있을까?

세포는 너무 작아서 돋보기를 사용해도 볼 수 없어요. 그런데 사람들은 생물의 기본 단위가 세포라는 사실을 어떻게 알까요? 바로 현미경 덕분이에요. 돋보기는 볼록 렌즈가 하나이지만, 현미경은 여러 개의 볼록 렌즈를 이용해 물체를 더 크게 확대시켜 볼 수 있지요. 현

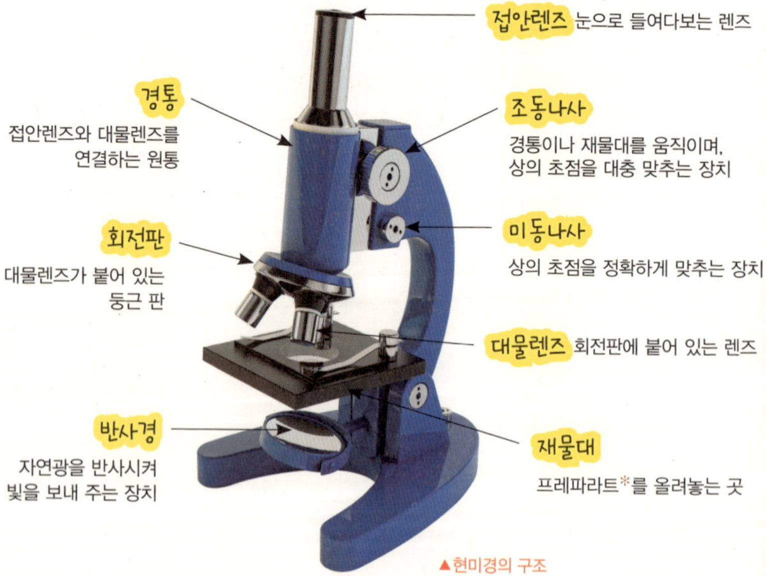

접안렌즈 눈으로 들여다보는 렌즈
경통
접안렌즈와 대물렌즈를 연결하는 원통
조동나사
경통이나 재물대를 움직이며, 상의 초점을 대충 맞추는 장치
회전판
대물렌즈가 붙어 있는 둥근 판
미동나사
상의 초점을 정확하게 맞추는 장치
대물렌즈 회전판에 붙어 있는 렌즈
반사경
자연광을 반사시켜 빛을 보내 주는 장치
재물대
프레파라트*를 올려놓는 곳

▲현미경의 구조

미경의 구조를 볼까요?

현미경의 구조를 이해했다면, 다음의 순서에 맞게 현미경을 사용해요.

① 현미경의 재물대 위에 프레파라트를 올려요.
② 조동나사로 경통이나 재물대를 조절해서 대물렌즈가 프레파라트에 가까워지도록 해요.
③ 반사경을 조절해서 빛의 밝기가 알맞도록 만들어요.
④ 접안렌즈로 보면서 조동나사를 돌려 상이 나타나도록 해요.
⑤ 미동나사를 조절해서 상의 초점을 잘 맞추어요.
⑥ 이제 관찰을 시작해요.

*프레파라트 : 현미경으로 관찰하기 위해 재료를 얇게 잘라 두 개의 유리판 사이에 넣은 것.

 답

세포 수에 따라 생물의 크기가 달라져요.

덩치 큰 공룡이나 커다란 코끼리도 세포의 크기는 사람과 같아요.
다만 세포 수가 사람보다 많지요. 세포 수가 많을수록 생물의 크기가 커진답니다.

세포 속엔 뭐가 있을까?

세포 안에는 여러 물질이 들어 있어요.
세포의 생명 활동을 지시하는 세포핵,
영양소를 분해하여 에너지를 만드는 미토콘드리아,
세포 속 쓰레기를 청소하는 리소좀······.
세포 안에 있는 여러 물질을 살펴보고
그 물질이 어떤 일을 하는지 알아봐요.

뿌지직, 뿌직! 뿡!
요사이 윤기는 하루가 멀다 하고 설사를 했어요.
"아이참! 뇌세포가 말한 대로 잠도 잘 자고
밥도 열심히 먹었는데, 왜 자꾸 배탈이 나지?"
윤기가 투덜거리자 어디선가 낯선 목소리가 들려왔어요.
'야, 너 어제 피자 세 판을 혼자 다 먹었지?
아이스크림도 잔뜩 먹었고! 그래 놓고 왜 배탈이 나냐고?'

"어? 이번엔 또 누구지?"
'우리는 위 세포와 장 세포야. 너 때문에 정말 힘들다고!'
"왜? 내가 뭘 어쨌다고? 정말 이해할 수가 없네."
'휴, 난 위 세포야. 음식을 너무 한꺼번에 많이 먹으면
세포들이 일하기가 힘들어져.
그래서 소화를 잘 못 시키다 보니 결국 배탈이 나는 거지.
적당히 먹어야 우리가 소화를 잘 시키지.'

장 세포도 위 세포의 말을 거들었어요.
'아이스크림처럼 찬 음식을 많이 먹어도 배탈이 날 수 있어.
찬 음식을 많이 먹으면 배 속 온도가 낮아지는데,
낮은 온도에서는 소화를 돕는 세포나
소화액*이 활동하기 어려워지거든.
그래서 배탈이 잘 나는 거야!'
윤기가 고개를 끄덕였어요.
"아하, 그러니까 한꺼번에 너무 많이 먹거나
찬 음식을 많이 먹지 말라 이거지?"
그러자 위 세포와 장 세포가 동시에 버럭 소리를 질렀어요.
'나윤기! 그것만 조심하면 되는 줄 아냐?
라면이랑 과자 좀 그만 먹어!'

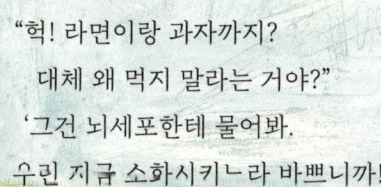

윤기는 깜짝 놀랐어요.
"헉! 라면이랑 과자까지?
대체 왜 먹지 말라는 거야?"
'그건 뇌세포한테 물어봐.
우린 지금 소화시키느라 바쁘니까!'

*소화액 음식물의 소화를 돕는 침, 위액 등의 액체 물질.

"대체 라면이랑 과자를 왜 먹지 말라는 거야?"
윤기의 질문에 조용히 있던 뇌세포가 입을 열었어요.
'라면이랑 과자는 사람들이 자주 먹는 가공식품이야.
쉽게 먹을 수 있고 맛도 있지만,
인공적으로 만든 물질로 맛을 내기 때문에
우리 몸에 그다지 좋지 않아.
또, 필요 이상으로 기름이 많이 들어 있어서
많이 먹으면 뚱뚱해지고, 키도 잘 크지 않아.
그뿐이 아냐. 그런 음식을 많이 먹다 보면 우리 몸 안에
세포막과 세포핵을 공격하는 나쁜 물질까지 생긴다고.
그럼 암이나 당뇨병처럼 무서운 병에 걸릴 수도 있지.'

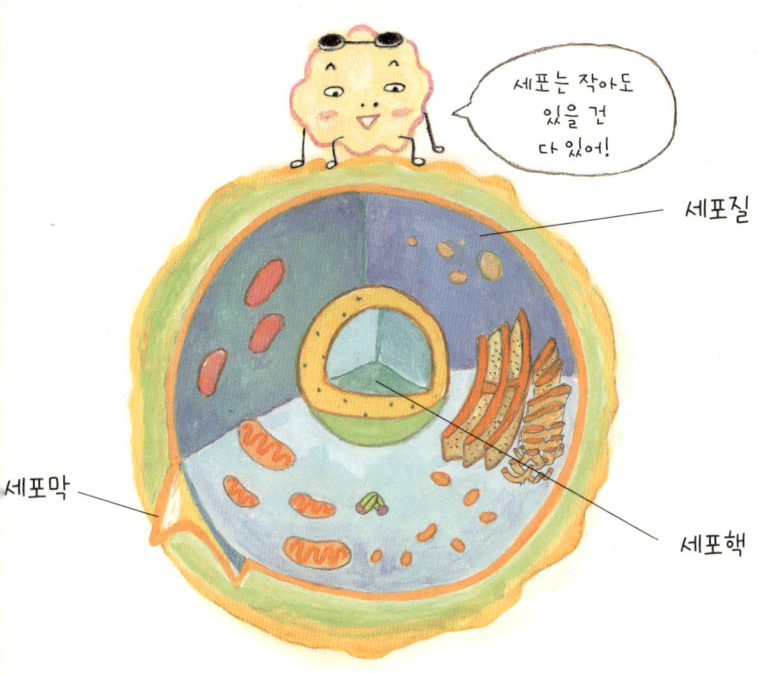

"아! 알았어. 앞으로는 조금만 먹을게.
그런데 세포막이랑 세포핵? 그건 뭐야?"
'세포는 기본적으로 세포막과 세포핵,
세포질 등으로 이루어져 있어.
비록 세포가 작기는 해도, 생명을 유지하는 데
필요한 요소들은 다 갖추고 있다는 말씀!
그중 세포막은 세포를 둘러싸고 있는 보호막이지.
세포 속에 필요한 물질은 받아들이고,
필요 없는 물질은 내보낸단다.'

뇌세포는 계속 설명을 이어 갔어요.
'세포핵은 세포의 중심 기지 같은 곳이야.
세포의 생명 활동을 조절하는 부분이지.'
"생명 활동이라니?"
'세포가 생물을 이루는 기본 단위라고 했지?
그건, 세포가 곧 '생명을 가진 존재'라는 뜻이야.
세포는 살아가는 데 필요한 에너지나 물질을 만들어.
그뿐만 아니라 호흡도 하고, 세포의 수를 늘리기도 해.
이런 세포의 생명 활동을 조절하는 게 세포핵이야.'
"와, 세포핵은 정말 중요하구나!"
'하지만 세포핵이 진짜 중요한 이유는,
세포핵에 있는 염색체*에 DNA가 들어 있기 때문이야.'
"DNA? 그건 또 뭐야?"

*핵막 핵을 감싸는 막.
*인 핵 속에 있는 작은 알갱이로, 리보솜의 구성 물질을 만듦.
*염색체 DNA와 핵단백질로 이루어지며 유전 인자가 들어 있음.

'DNA는 생물의 생김새와 성질 등을 결정하는 유전 물질이야.
하나의 생물을 이루는 유전 정보가 모두 들어 있는,
세포의 설계도라고 할 수 있지.'
뇌세포의 말에 윤기가 물었어요.
"그럼, 내가 엄마, 아빠를 닮은 이유도
세포핵 속에 엄마, 아빠의 DNA가 있어서 그런 거야?"
'맞아! 이제 말이 좀 통하는 것 같은데?'
"당연하지! 네가 나고, 내가 너라며!
네가 똑똑하니까, 나도 똑똑할 수밖에! 헤헤헤."
'그건 아니거든! 넌 절대 나만큼 똑똑해질 수 없어.
네가 쓰고 있는 뇌의 능력은 뇌가 실제로 갖고 있는
능력의 극히 일부분밖에 안 되니까!'
윤기가 입을 삐죽거리며 말했어요.
"쳇, 알았으니까 하던 얘기나 계속해!"

뇌세포는 다시 설명을 시작했어요.
'세포질은 세포의 내부를 채우는 물질이야.
다시 말해 세포막과 세포핵 사이에 있는 물질이지.
세포질 속에는 미토콘드리아, 리보솜, 소포체,
골지체, 리소좀 같은 작은 기관들이 있어.
이들은 생명 활동에 필요한 여러 일을 담당하지.'
"으악! 복잡해! 무슨 이름들이 그렇게 어려워?"
윤기가 버럭 성질을 부리자,
뇌세포도 지지 않고 대꾸했어요.
'어렵긴 뭐가 어렵다고 그러냐?
네가 세포를 몰라도 너무 모르니까 그렇지!'

아이스브레이크

세포질은 □□의 내부를 채우는 물질이에요.
(답은 57쪽에 있습니다.)

네가 세포에 대해 알아? 쯧쯧.

뇌세포의 말에 윤기는 부루퉁한 얼굴로 말했어요.
"야! 나도 세포에 대해 아예 모르지는 않거든!"
'그럼 너 세포질 속에 있는 물질 가운데 아는 거 있어?
있으면 말해 봐. 모르지? 모르지?'
"야! 나도 안다니까!"
윤기는 자존심이 상해 버럭 소리를 질렀어요.
그러자 화장실 밖에서 엄마가 말했어요.
"왜 갑자기 화장실에서 소리는 지르고 그래?"
"아무것도 아니에요! 그냥 친구랑 통화하다가……."
"어휴, 친구한테 그렇게 소리를 지르면 되겠니?"
뇌세포 때문에 엄마에게 꾸중만 들은 윤기는
더 이상 뇌세포와 이야기하고 싶지 않았어요.

어휴, 친구랑 사
그렇게 소리를

"흥, 세포질 속에 있는 물질은
나 혼자서도 충분히 알아낼 수 있어!
내게는 스마트폰이 있다, 이거지!"
윤기는 스마트폰을 켜고, 인터넷에서 세포를 검색했어요.
세포와 관련된 많은 정보 글을 보다가
과학 선생님이 운영하는 블로그에 들어가 보았어요.
블로그에는 세포질 속에 있는 물질이
그림과 함께 알기 쉽게 설명되어 있었어요.
"와, 세포질 속에 이렇게 많은 물질이 있었네!"

과학 선생님과 함께하는 신나는 세포 여행

세포의 세계 | 세포

※세포질 속에 있는 물질들

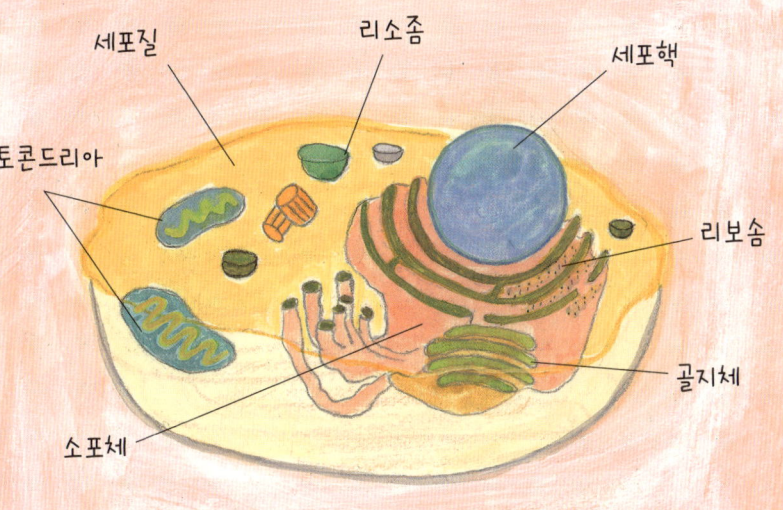

┗ **미토콘드리아** 세포가 생명 활동을 하는 데 필요한 에너지를 만듭니다.
　　　　　　에너지가 많이 필요한 세포일수록 미토콘드리아가 많습니다.
┗ **리보솜** 세포의 모든 활동에 관계되는 중요한 물질인 단백질을 만듭니다.
┗ **소포체** 단백질을 합성하거나 운반합니다.
┗ **골지체** 소포체에서 받은 단백질을 저장하거나, 필요한 곳에 내보냅니다.
┗ **리소좀** 세포 속에 있는 필요 없는 물질이나, 세균 등을 분해합니다.
　　　　죽은 세포를 녹이기도 합니다.

※식물 세포와 동물 세포

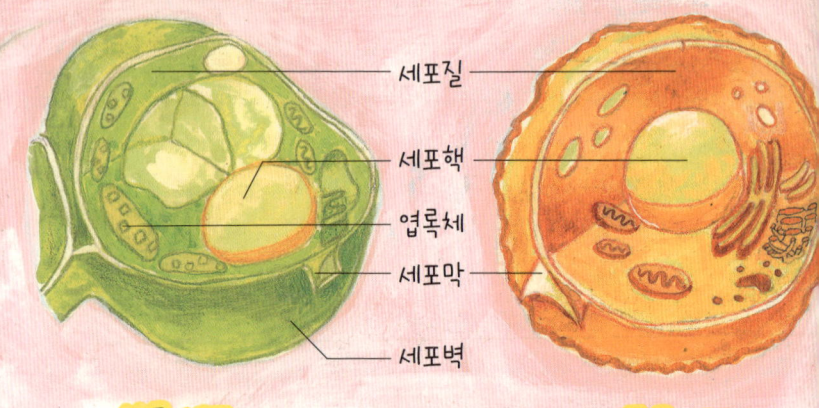

식물 세포   **동물 세포**

세포 기관	식물 세포	동물 세포
세포질	있다	있다
세포핵	있다	있다
엽록체	있다	없다
세포막	있다	있다
세포벽	있다	없다

윤기는 블로그에서 식물 세포와 동물 세포가
비교된 그림을 보고 고개를 갸웃거렸어요.
"어? 식물 세포랑 동물 세포랑 뭔가 다르네?"
그러자 뇌세포가 기다렸다는 듯 말했지요.
'동물 세포에는 없고, 식물 세포에만 있는 물질이 있거든!'
"그게 뭔데?"
윤기는 저도 모르게 뇌세포의 말에 대꾸했어요.
아직 뇌세포에게 토라져 있기는 했지만,
그래도 궁금한 것은 참을 수 없었어요.
'바로 식물 세포에만 있는 세포벽과 엽록체야.
세포벽은 식물 세포의 가장 바깥 부분에 있는데,
세포를 보호하고 모양을 일정하게 유지시켜 주지.
엽록체는 식물의 광합성*이 일어나는 곳으로,
포도당과 같은, 식물에게 꼭 필요한 영양분을 만들어.'

*광합성 엽록체에서 빛 에너지와 이산화탄소를 이용해 포도당을 만드는 일.

윤기는 눈에 보이지도 않는 작은 세포 속에서
그렇게 많은 일이 벌어진다는 게 신기했어요.
그러다 문득 궁금한 점이 떠올랐어요.
"그런데 세포는 왜 그렇게 작아?
세포가 지금보다 더 컸다면 더 많은 일을 했을 텐데."
뇌세포가 도리도리 고개를 저었어요.
'아니, 오히려 작아서 다행이야. 생각해 봐.
상자 속에 탁구공과 야구공을 각각 담는다고 했을 때,
어떤 공을 더 많이 담을 수 있을 것 같아?'
"그야 야구공보다 작은 탁구공을 더 많이 담을 수 있지!"
'맞아. 세포도 마찬가지야.
세포는 크기가 작아서 우리 몸을 촘촘히 채우면서
산소나 영양물질은 빠르게 흡수하고,
불필요한 물질은 빠르게 내보내지.
그래서 생명 활동을 더 활발하게 할 수 있는 거야.
세포 크기가 컸다면 그런 활동이 매우 늦어졌겠지?'
"아하, 그렇구나."
윤기가 싱긋 웃었어요.

'게다가 만약 세포의 크기가 컸다면,
우리 수명은 지금보다 훨씬 짧았을지도 몰라.
세포가 크면 그만큼 우리 몸에 있는 세포 수가 적어질 거야.
그래서 세포 몇 개만 다치거나 없어져도
바로 몸에 큰 문제가 생기게 되었을지 몰라.
하지만 세포가 작으니 걱정할 필요 없지.
머리카락 몇 개 빠진다고 크게 다치진 않잖아.'
"정말 그러네!"
바로 그때였어요. 아빠가 급하게 문을 두드렸어요.
"윤기야! 끙! 너 대체 언제까지 있을 거냐?
얼른 좀 나와라! 아빠 지금 급해!"
"앗, 지금 나갈게요!"
윤기는 서둘러 볼일을 마치고 나왔어요.

더 알아야 할 교과서 과학 지식

생물과 무생물의 차이는 뭘까?

사람은 생물이라고 하지만, 로봇은 생물이라고 하지 않아요. 생물과 무생물은 어떤 차이가 있을까요?

생물은 생명이 있는 물체를 말하고, 무생물은 생명이 없는 물체를 말해요. 생물은 생명을 유지하기 위해 호흡을 하고, 스스로 에너지를 만들고, 성장을 하고, 자손을 낳는 등 다양한 활동을 해요.

사람은 숨을 들이마시고 내쉬는 호흡 활동을 통해 몸에 필요한 산소를 흡수하고, 필요 없어진 이산화탄소를 몸 밖으로 내보내요. 산소와 영양물질은 몸의 에너지가 되고, 이 에너지로 인해 점점 성장할 수 있어요. 하지만 시간이 지나면 병에 걸리거나 늙어서 결국 생명을 잃게 되지요. 그래서 자신을 닮은 자손을 낳음으로써 존재를 계속 이어 가게 돼요.

식물이나 동물도 사람처럼 호흡을 하

▲로봇 장난감을 가지고 노는 어린이

▶ 어미 개와 새끼 개

고, 필요한 에너지를 만들어요. 그리고 성장해 가지요. 동물은 새끼를 낳거나 알을 낳아 자손을 퍼트리고, 식물은 씨앗이나 생식 세포를 담은 홀씨를 만들어 자손을 퍼트려요. 송아지가 자라 소가 되고, 작은 씨앗이 자라 큰 나무가 되는 것처럼요.

하지만 로봇은 호흡을 하거나 물질대사를 하지 않아요. 몸이 점점 자라나지도 않고, 자손을 낳을 수도 없지요. 그래서 사람처럼 말을 하고 움직일 수 있다 해도, 로봇을 생물이라고 하지 않아요. 로봇에게는 생명이 없기 때문이에요.

이제 생물과 무생물의 차이를 알겠죠? 이렇게 생물이 다양한 생명 활동을 할 수 있는 이유는, 생물의 몸을 이루는 수많은 세포들이 각각의 기능에 맞게 제 역할을 잘 담당하고 있기 때문이랍니다.

세포질은 세포의 내부를 채우는 물질이에요.
세포질 안에는 리소좀과 미토콘드리아, 골지체, 리보솜 등 여러 세포 기관이 들어 있지요.

세포가 모이면
뭐가 될까?

세포가 모이면 조직이 되고,
조직이 모이면 기관을 이루어요.
기관이 모이면 무엇을 이룰까요?
또 그 기관은 어떤 일을 할까요?

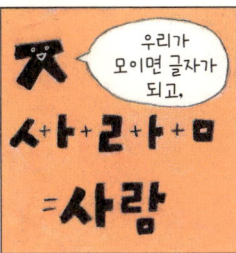

화창한 금요일 아침, 윤기네 반은
'놀라운 우리 몸' 전시회에 견학을 갔어요.
윤기는 친구들과 함께 들뜬 마음으로 전시관에 들어갔지요.
전시관 안에는 심장이나 눈, 입, 뼈 등
사람 몸의 여러 기관을 본떠 만든 모형들이 있었어요.
"우아, 저것 좀 봐! 저게 심장이래!"
아이들은 여러 모형들을 보며 신기해했어요.
"쉿, 조용히 하고 여기 모이렴!"
선생님의 지시에 따라 아이들은 한자리에 모였지요.
선생님 뒤에는 친절한 큐레이터* 누나가 있었어요.

*큐레이터 박물관이나 미술관에서 자료 전시와 홍보 등의 활동을 하는 사람.

큐레이터 누나가 웃으며 말했어요.
"여러분은 오늘 저와 함께 우리 몸을 이루는
여러 요소들을 알아볼 거예요.
시작하기 전에 먼저 한 가지 질문을 할게요.
생물을 이루는 기본 단위가 뭔지 아는 사람 있나요?"
'세포다!'
윤기는 손을 번쩍 들었어요.
하지만 민석이가 좀 더 빨랐지요.
"세포입니다!"

"네, 맞아요. 아주 똑똑한 학생이네요."
큐레이터 누나가 민석이를 칭찬했지요.
윤기는 답을 맞힌 민석이가
괜히 얄밉게 느껴졌어요.

큐레이터 누나가 말했어요.

"세포는 생명을 이루는 기본 단위예요.
우리 몸에 있는 세포의 종류는 200가지가 넘어요.
이 세포 가운데 모양과 기능이 같은 세포가 모여서
하나의 '조직'을 이루지요.
조직이 모여서 눈, 코, 입, 위 등의 '기관'을 이루고
서로 관련이 있는 기관들이 모여 '기관계'를 이루어요.
이런 기관계가 모여서 비로소 사람이 됩니다.
이제부터 우리 몸에서 어떤 세포들이
어떤 일을 하는지 살펴봐요."

아이스브레이크

세포가 모이면 조직을 이루고, 조직이 모이면 □□을 이루어요. (답은 85쪽에 있습니다.)

세포 ➡ 조직 ➡ 기관

큐레이터 누나는 피부 조직이 전시된 곳으로 이동했어요.
"피부 조직은 피부 세포로 이루어져 있어요.
우리 몸 전체를 덮고 있는 피부 세포는
우리 몸을 보호하는 중요한 일을 해요.
피부 세포는 빽빽하고 촘촘하게 피부를 채우며
몸 바깥에 있는 해로운 물질이
몸속으로 들어오지 못하게 막아요.
또 외부의 충격으로부터 몸을 보호해 주고,
뜨거운 햇빛이나 추위로부터도 몸을 지켜 주지요.
또 열과 땀을 몸 밖으로 내보내,
몸의 체온을 유지하도록 해 줘요.
피부 세포는 참 여러 가지 일을 하지요?"

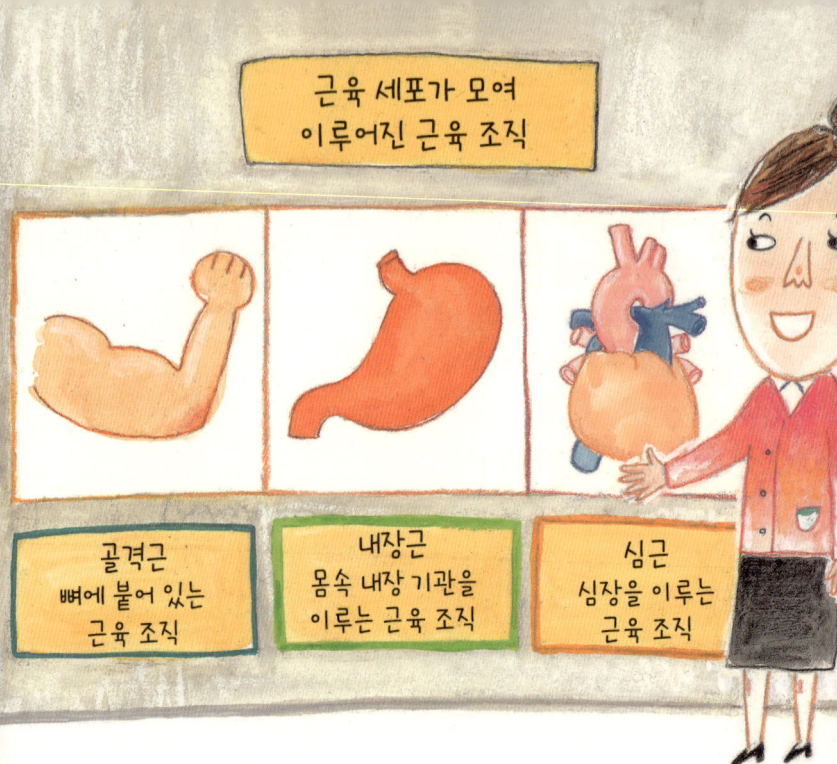

큐레이터 누나가 근육 세포 그림을 가리키며 말했어요.
"이번엔 근육 세포에 대해 알아볼까요?
근육 세포는 우리 몸의 근육 조직을 이루는 세포로,
크게 세 가지로 나눌 수 있지요.
뼈에 붙어 있는 근육 조직 '골격근'과
위와 창 등 몸속 내장 기관의 근육 조직 '내장근',
심장의 근육 조직 '심근'으로 나눌 수 있어요."

그러고는 팔을 굽힐 때와 펼 때의
근육 모양이 담긴 그림을 보여 주며 말했어요.
"팔을 굽힐 때와 펼 때의 근육 모양이 다르죠?
그건 바로 근육 조직이 몸을 움직일 수 있도록
늘어났다 오므라들었다 하며 도와주기 때문이에요.
우리가 팔과 다리를 마음껏 움직일 수 있는 것은
바로 근육 조직 덕분이랍니다."

팔을 굽히면, 안쪽 근육은 오므라들고 바깥쪽 근육은 펴지지. 반대로 팔을 펴면, 안쪽 근육은 펴지고, 바깥쪽 근육이 오므라든단다. 이렇게 근육 조직이 있어야 팔을 움직일 수 있어.

안쪽 근육

바깥쪽 근육

큐레이터 누나가 우리를 둘러보며 물었어요.
"여기서 잠깐, 우리 몸이 흐물거리지 않고 튼튼하게
모양이 잡혀 있는 이유는 무엇일까요?"
이번에도 민석이가 재빨리 대답했어요.
"뼈 때문이에요! 뼈가 우리 몸을 지탱해 줘서 그래요."
'으, 나도 아는 문제인데! 또 놓쳤어!'
윤기는 민석이를 힐끗 째려보았어요.
"맞아요. 뼈가 우리 몸을 지탱해 줘서
우리는 똑바로 설 수도 있고 걸을 수도 있지요.
뼈는 우리 몸속 기관도 튼튼하게 보호해 줘요."

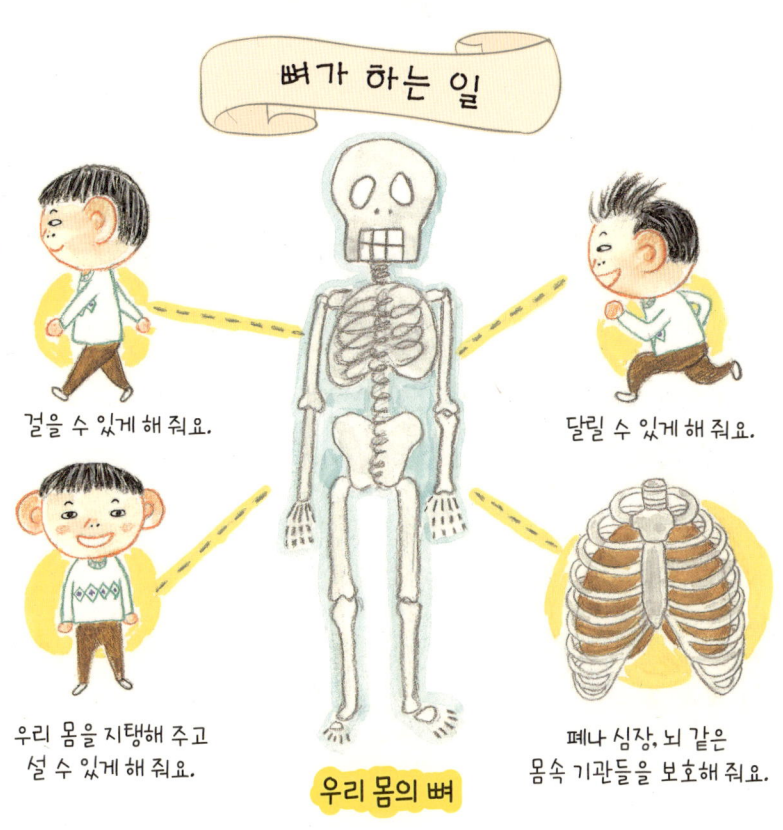

뼈가 하는 일

걸을 수 있게 해 줘요.

달릴 수 있게 해 줘요.

우리 몸을 지탱해 주고 설 수 있게 해 줘요.

폐나 심장, 뇌 같은 몸속 기관들을 보호해 줘요.

우리 몸의 뼈

큐레이터 누나는 계속해서 말했어요.
"뼈는 질기고 가벼운 뼈세포로 이루어져 있어요.
그런데 뼛속에는 뼈세포 말고 다른 세포도 있어요.
과연 그 세포는 무엇일까요?"
큐레이터 누나의 질문에 아무도 대답을 못 했어요.
이번에야말로 윤기는 정답을 맞히고 싶었어요.

답을 몰라 끙끙대던 윤기의 머릿속에
번뜩 뇌세포 생각이 떠올랐어요.
'뇌세포야, 나 좀 도와줘! 저 문제 답이 뭐야?'
그러자 뇌세포가 히죽 웃으며 말했어요.
'공짜로 알려 줄 수는 없겠는데…….
답을 알려 주는 대신, 나랑 약속 하나 하자.'
윤기는 속이 부글거렸지만, 답을 꼭 맞히고 싶었어요.
'하, 알았어! 무슨 약속?'

'어디 보자. 이제 잠도 잘 자고, 밥도 잘 먹지.
그런데 너! 운동은 전혀 안 하더라?
운동을 해야 면역력이 높아져서 병에 잘 안 걸린다고.
네가 병에 걸리면 세포들이 얼마나 힘든지 알아?'
'윽. 운동을 하라고?'
'싫어? 싫으면 됐고.'
'아, 아냐. 해! 한다니까? 약! 속!'
그제야 뇌세포는 윤기의 귀에 대고 답을 말했어요.

윤기가 자신 있게 손을 번쩍 들었어요.
"뼛속에는 뼈세포 말고도 혈액 세포도 있어요!"
"와, 대단한걸! 정말 똑똑한 학생이네요.
혈액 세포는 골수에서 만들어져요.
골수는 뼛속에 있는 말랑말랑한 조직이지요."
아이들이 대단하다는 듯 쳐다보자
윤기는 저절로 어깨가 으쓱해졌지요.

뼛속에는 혈액 세포도 있어요!

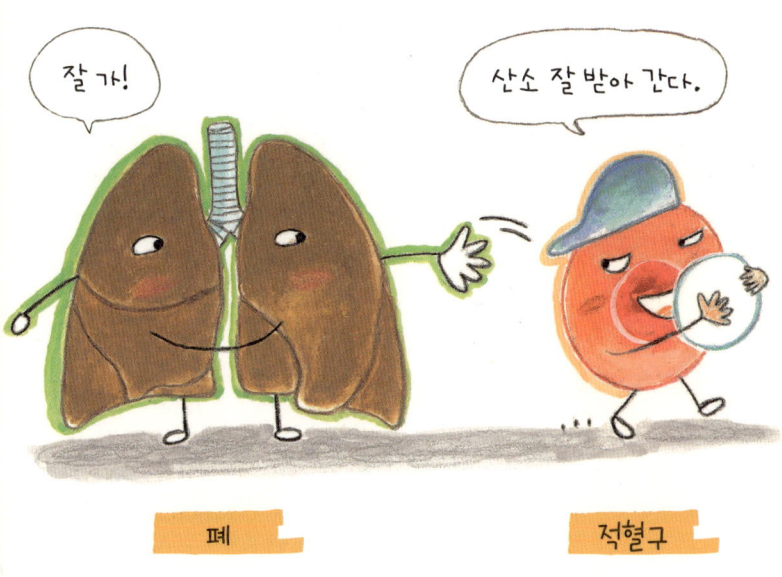

아이들은 큐레이터 누나를 따라
차례대로 현미경으로 혈액 세포를 관찰했어요.
큐레이터 누나가 싱긋 웃으며 말했어요.
"핏속에 가장 많이 있는 혈액 세포는 바로 적혈구예요.
단추처럼 동그랗게 생긴 세포가 바로 적혈구이지요.
적혈구는 폐에서 산소를 받아서 세포에 전달해 줘요.
적혈구는 모양이 동그래서
좁은 모세 혈관을 통과하기도 쉽고,
많은 산소를 주고받는 데에도 매우 좋답니다."

75

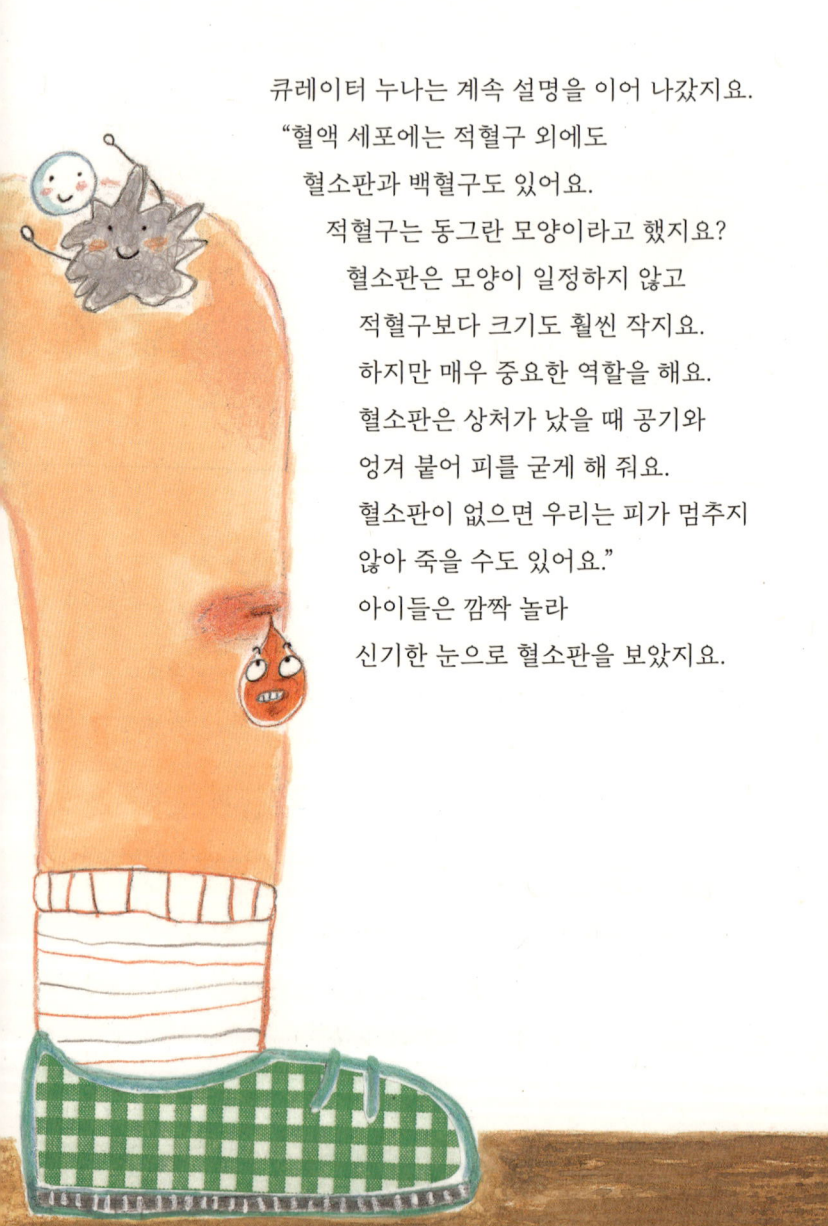

큐레이터 누나는 계속 설명을 이어 나갔지요.
"혈액 세포에는 적혈구 외에도
혈소판과 백혈구도 있어요.
적혈구는 동그란 모양이라고 했지요?
혈소판은 모양이 일정하지 않고
적혈구보다 크기도 훨씬 작지요.
하지만 매우 중요한 역할을 해요.
혈소판은 상처가 났을 때 공기와
엉겨 붙어 피를 굳게 해 줘요.
혈소판이 없으면 우리는 피가 멈추지
않아 죽을 수도 있어요."
아이들은 깜짝 놀라
신기한 눈으로 혈소판을 보았지요.

큐레이터 누나가 싱긋 웃으며
다시 말했어요.
"또 백혈구는 우리 몸속에 들어온
세균이나 병균을 잡아먹어서
우리 몸을 지켜 주는 혈액 세포예요.
백혈구는 세균을 만나면
자기 몸으로 감싸서 먹어 버리지요.
백혈구는 적혈구보다 크고
모양도 수시로 변해요."
"우아, 백혈구는 꼭 변신 로봇 같네요!"
아이들은 재미있다는 듯 환호성을 질렀어요.

"자, 이번에는 뇌세포에 대해 알아보도록 해요."
뇌세포? 윤기는 갑자기 귀가 솔깃해졌어요.
그동안 뇌세포를 통해 세포에 대해 많이 알게 됐지만,
정작 뇌세포에 관해서는 아는 것이 별로 없었거든요.
"뇌세포는 사람의 뇌를 이루는 신경 세포예요.
근육과 심장 같은 기관들의 기능을 조절하며
우리 몸이 생명을 유지할 수 있도록 지휘하지요.
뇌가 우리 몸을 지휘할 수 있는 건,
온몸 구석구석 뻗어 있는 신경 세포가
몸에서 일어나는 일을 뇌에 전달해 주기 때문이에요.
우리가 물건에 찔렸을 때 바로바로 손을 떼는 것도
뇌세포 덕분이에요.

뇌는 1,000억 개가 넘는 뇌세포로 이루어져 있어.

그러니 내가 똑똑할 수밖에 없다니까.

신경 세포가 뭔가에 찔렸다는 신호를 뇌에 전달하면,
신호를 받은 뇌가 물건에서 손을 떼라고
다시 손으로 명령을 보내는 것이지요."

'그래서 뇌세포가 몸 안에서 일어나는 일을 다 알고 있었구나.'
윤기가 이제야 풀린 의문에 고개를 끄덕이는데
갑자기 큐레이터 누나가 질문을 던졌어요.
"혹시 신경 세포를 다른 말로 뭐라고 하는지 아는 친구?"
이번에도 선뜻 대답하는 아이들이 없었지요.
윤기가 서둘러 뇌세포에게 알려 달라고 속닥였어요.
뇌세포가 히죽 웃으며 윤기에게 속닥거리자
윤기는 자신 있게 손을 번쩍 들었어요.
"신경 세포는 다른 말로 뉴런이라고 합니다!"
큐레이터 누나는 다시 한번 놀란 눈으로 윤기를 보았어요.

뉴런이요!

"와, 맞았어요! 신경 세포는 역할에 따라 감각 신경 세포*, 운동 신경 세포*, 연합 신경 세포*, 세 가지로 나뉘어요."
아이들도 대단하다는 눈빛으로 윤기를 바라봤어요.
"나윤기, 네가 어떻게 그런 걸 다 알아? 대단한데!"
윤기가 어깨를 으쓱하며 말했어요.
"뭘 이 정도 가지고! 내가 원래 세포에 관심이 많았거든!"

*감각 신경 세포 팔다리, 눈 같은 감각 기관에서 받아들인 신호를 뇌로 전달하는 신경 세포.
*운동 신경 세포 뇌와 척수의 명령을 신체의 각 부분으로 전달해 반응하게 하는 신경 세포.
*연합 신경 세포 신경 세포 사이를 연결하며 신호를 전달하고 정보를 주고받는 신경 세포.

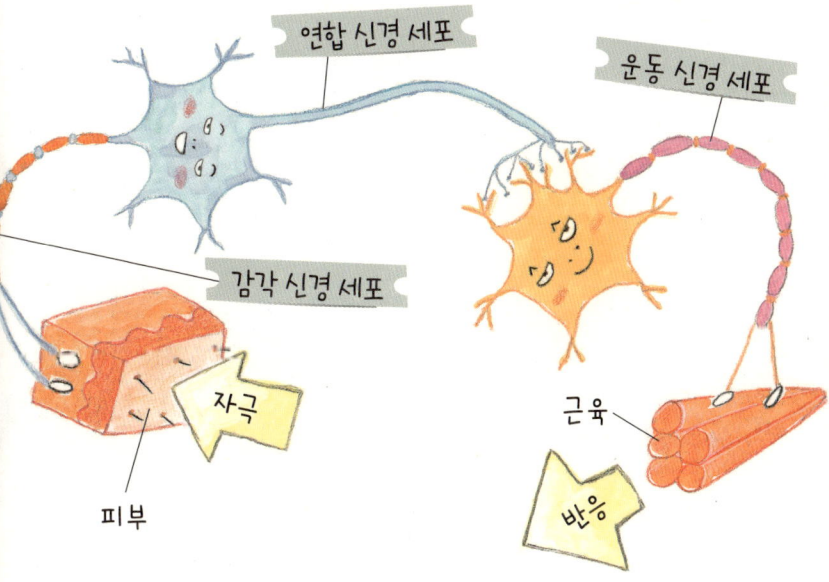

어느새 모든 견학 순서가 끝났어요.
큐레이터 누나가 아이들을 쭉 둘러보며 말했어요.
"지금까지 우리 몸에 있는 여러 가지 세포와
그 세포로 이루어진 조직들을 알아봤어요.
어떻게 해서 작은 세포들이 모여
우리 몸을 이루는지 잘 알겠지요?"
"네!"
큐레이터 누나가
웃으며 말했어요.

"우리 몸이 건강하려면 세포들이 건강해야 해요.
그러려면 잘 먹고, 잘 자고, 운동도 자주 해야 하지요.
우리 모두 세포를 건강하게 지키도록 노력해 봐요.
친구들! 잘할 자신 있지요?"
"네, 잘할 자신 있어요!"
이번에도 아이들은 전시관이 떠나갈 듯
크게 대답했답니다.

더 알아야 할 교과서 과학 지식

탯줄 속에 줄기세포가 있다고?

 엄마 배 속에 있는 아기는 탯줄을 통해 산소와 영양소를 공급받아요. 하지만 아기가 세상에 태어나면 탯줄은 더 이상 필요가 없어져요. 이제 스스로 숨 쉬고 먹을 수 있기 때문이에요. 그래서 아기가 세상에 나오면 탯줄은 잘라서 없애 버린답니다.

 그런데 예전에는 버려지던 탯줄이 요즘에는 보물처럼 소중히 보관되고 있어요. 심지어 탯줄 은행이 생길 정도이지요. 그 이유는 바로 탯줄의 혈액 속에 줄기세포가 들어 있기 때문이에요.

 줄기세포는 어떤 세포가 될지 아직 결정되지 않은 세포를 말해요.

▼탯줄이 잘린 갓난아이

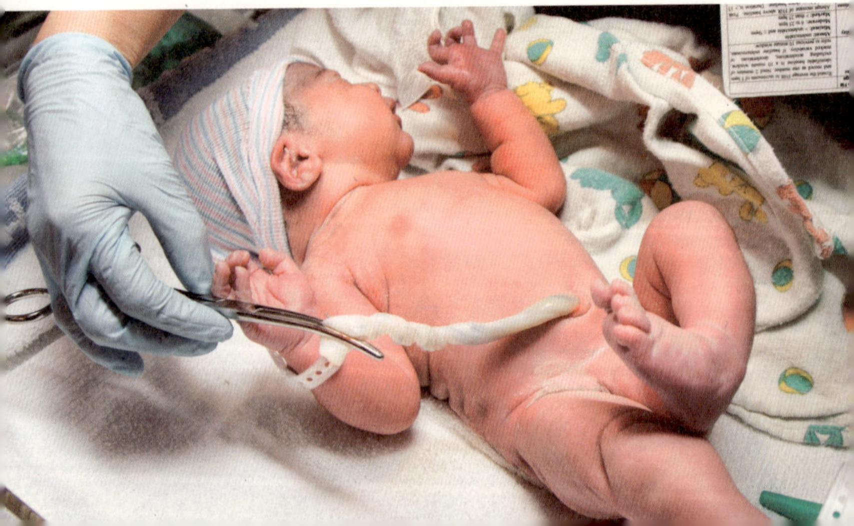

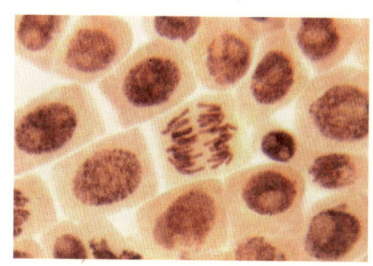

◀ 줄기세포 사진

'세포들의 줄기가 되는 세포'라는 뜻에서 줄기세포라고 하지요. 줄기세포 덕에 우리 몸은 피를 새롭게 만들어 내고, 다친 곳의 피부도 새로 돋게 할 수 있어요.

우리 몸의 모든 기관에 줄기세포가 있는 것은 아니에요. 골수, 혈관, 피부, 간, 근육 등의 일부에만 줄기세포가 있지요. 탯줄 혈액에도 줄기세포가 있고요.

줄기세포는 살아 있는 동안 세포 분열을 통해 계속해서 세포를 만들어요. 그렇기 때문에 줄기세포를 이용해, 다친 사람의 몸에서 손상된 조직을 새로 만들고자 하는 연구가 계속되고 있지요. 특히 탯줄 혈액에 있는 줄기세포로는 불치병을 치료할 수 있는 가능성도 있어서 연구가 더욱 활발히 이루어지고 있다고 해요. 줄기세포의 신비한 능력, 정말 놀랍죠?

 답

세포가 모이면 조직을 이루고, 조직이 모이면 기관을 이루어요.

200여 가지가 넘는 세포가 모여 조직을 이루고, 조직이 모여 기관을 이루고, 기관이 모여 기관계를 이루어요. 그리고 기관계가 모여 우리 몸이 되지요.

세포는 어떻게 생기고 어떻게 죽을까?

사람의 몸을 이루는 수많은 세포는
어떻게 생기는 걸까요?
세포가 어떻게 생기고,
어떻게 죽는지 살펴봐요.

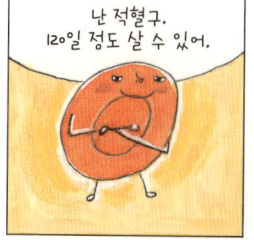

토요일 아침, 윤기는 아빠와 함께 목욕탕에 갔어요.
윤기는 목욕탕 안에서 신나게 놀고 싶었지만,
아빠는 윤기를 붙잡아 놓고 때를 밀기 시작했어요.
윤기는 아빠가 때수건으로 박박 미는 것이 너무 아팠어요.
그래서 꾀를 내어 아빠에게 말했어요.
"아빠! 오늘은 제가 혼자 때를 밀어 볼래요."
"좋아. 대신 대충 밀면 아빠가 다시 밀어 줄 거다."
"네, 알았어요!"

윤기는 살살 아프지 않게 때를 밀었어요.
그러자 아빠가 한숨을 쉬며 말했지요.
"나윤기, 그래서 때가 나오겠니?"
"이제 막 제대로 밀려던 참이에요."
윤기는 때를 세게 박박 밀기
시작했어요.
그런데 그때였어요.
'으악, 살려 줘! 이러다 멀쩡한 우리까지 죽겠어!'
갑자기 들리는 소리에 윤기가 깜짝 놀랐어요.
'너희는 누구야?'
'우린 피부 세포야! 죽은 피부 세포만 밀어야지,
멀쩡히 살아 있는 피부 세포까지 밀어 내니?'
'피부 세포? 무슨 소리야? 난 그냥 때만 밀었는데.
세포는 건드리지도 않았다고.'
그러자 피부 세포가 한숨을 푹 내쉬며 말했어요.
'때는 죽은 피부 세포가 더러운 먼지나 땀 따위랑
섞여 만들어진 물질이야.
네가 때를 민답시고 세게, 벅벅, 무자비하게 밀어서
살아 있는 피부 세포까지 다칠 뻔했다고!'

피부 세포의 말을 들은 윤기가 투덜거렸어요.
'살아 있는 피부 세포가 다치면
어떻게 된다고 그래?'
'얘가 아직 뭘 모르네.
피부 세포는 우리 몸을 둘러싸면서
몸 밖의 해로운 것이
몸속으로 들어오지 못하게 막아 주잖아.
그러니 살아 있는 피부 세포가 다치면
병균이 쉽게 몸속으로 들어올 수 있다고.'

윤기는 그 말을 듣고 퍼뜩 놀라 말했어요.
'헉, 그럼 때는 안 미는 게 좋은 거야?'
'아니, 때가 너무 많으면 더러워서 건강에 안 좋겠지.
대신 때를 밀 때에는 죽은 세포만 떨어져 나가도록,
미지근한 물에서 때를 불린 다음
때수건에 비누를 잔뜩 묻혀 살살 밀도록 해.
그래야 살아 있는 피부 세포가 다치지 않으니까!'

윤기는 피부 세포가 말한 대로 때를 살살 밀어 보았어요.
'세포가 죽기도 하는구나…….'
윤기가 밀려 나오는 때를 보고 혼자 생각하는데
뇌세포가 불쑥 말했어요.
'그럼. 세포도 살아 있는 존재니까
세포가 태어나고 또 죽는 건 당연한 일이야.'
'세포가 태어나고 죽는다고? 어떻게?'
윤기가 묻자 뇌세포는 내키지 않는 목소리로 말했어요.
'네게는 어려운 내용일 텐데…….'
'나 무시하냐? 네가 잘만 설명하면 이해할 수 있어!'
'좋아. 그럼 세포가 어떻게 생기는지부터 설명해 줄게.'

세포의 탄생과 죽음

세포의 탄생 / 세포의 활동 / 세포의 죽음

뇌세포가 차분히 말했어요.
'사람의 몸을 이루는 수많은 세포는
난자와 정자라는 생식 세포*가 만나면서부터 시작돼.
엄마 몸속에 있는 생식 세포인 난자와
아빠 몸속에 있는 생식 세포인 정자가 만나면,
난자와 정자가 하나로 합쳐지면서 수정란이 된단다.
이 수정란에서 수많은 세포들이 만들어져.'
윤기는 고개를 갸웃거리며 물었어요.
'수정란 하나에서 어떻게 많은 세포들이 생겨나?'
'그건 세포가 나뉘면서 분열하기 때문이지.
세포는 스스로 자신의 몸을 쪼개면서 개수를 늘려.
하나였던 세포가 두 개로 늘어나고,
두 개는 다시 네 개, 네 개는 여덟 개…….
이렇게 세포가 계속 분열하면서 개수가 늘어나지.
그렇게 해서 몸의 각 부분이 만들어지는 거야.'

*생식 세포 생물이 자손을 만들기 위해 필요한 세포.

수정란에서는 세포가 □□하면서
세포 수가 늘어나요. (답은 109쪽에 있습니다.)

뇌세포가 계속해서 말했어요.
'그리고 세포가 분열할 때 유전 물질도 같이 전달돼.'
윤기가 퍼뜩 생각난 듯 말했어요.
'아, 저번에 DNA가 생물의 생김새나
성질을 결정짓는 유전 물질이라고 했지?'
뇌세포가 히죽 웃으며 말했어요.
'그래, 맞아. 제법 잘 기억하고 있네?
세포에는 하나의 생물을 만드는 정보가 담겨 있는
유전 물질, DNA가 들어 있어.
DNA는 세포가 분열할 때에 함께 전달돼.
그래서 처음에 있던 세포와 새로 만들어진 세포에는
모두 똑같은 DNA가 들어 있단다.'

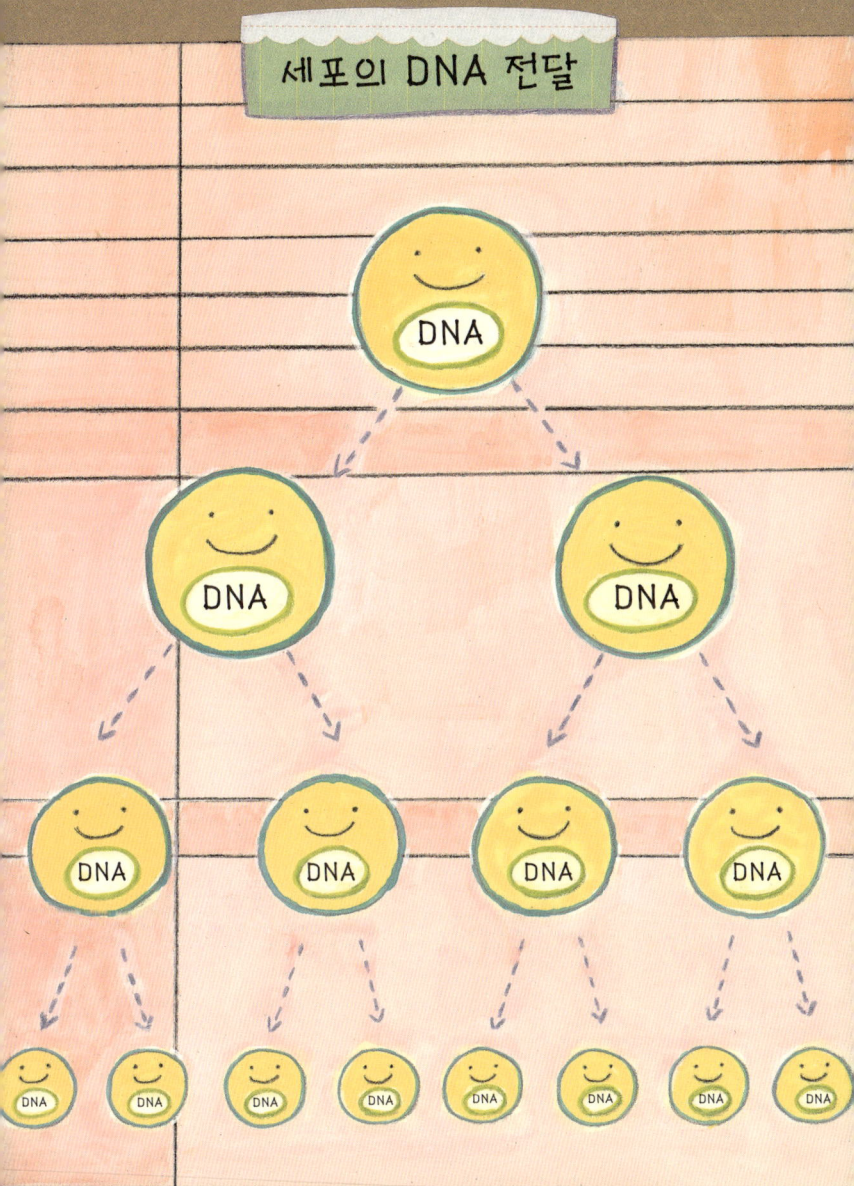

윤기는 뭔가 생각난 얼굴로 말했어요.
'어? 근데 저번에 생물 크기는
세포 수에 따라 달라진다고 했잖아?
그런데 조금 전에 말한 것처럼 세포 분열이 계속되면,
세포 수는 계속해서 더 많아질 텐데……
그럼 사람들은 계속 더 자랄 수 있는 거야?
하지만 어른들은 계속해서 키가 자라지 않는 거 같던데?'
뇌세포가 고개를 끄덕이며 말했어요.
'어른이 되면 세포 수는 일정하게 유지돼.
세포가 분열해서 생겨나는 만큼, 죽는 세포도 많아져서
몸속의 세포 수가 일정해지거든.
그래서 어른이 되면 대부분 몸이 더 이상 자라지 않아.'

힘센 과학 지식

사람의 세포는 평균적으로 25~30일 정도 살아요. 하지만 세포에 따라 하루도 안 되어 죽는 세포도 있고, 몇 년 동안 죽지 않는 세포도 있어요. 위 세포의 경우 약 2~3일 정도 살고, 백혈구는 약 48시간 정도 살아요. 적혈구는 약 120일 정도 살지요. 피부 세포는 약 2~4주, 두피(머리덮개) 세포는 약 60일, 간세포는 약 12~18개월, 뼈세포는 약 10년, 근육 세포는 약 15년 동안 산답니다.

"뭐? 죽는 세포가 많아진다고?"
윤기는 깜짝 놀라 입 밖으로 말을 내뱉고 말았어요.
주위 사람들이 이상하게 쳐다보자,
윤기는 열심히 때를 미는 척했어요.
그러면서 조용히 뇌세포에게 물었지요.
'야, 그게 무슨 말이야? 죽는 세포가 많아진다니!'
'세포에는 수명이 있어서 수명이 다한 세포는 죽게 돼.
백혈구는 약 2일 정도 살고,
피부 세포는 약 28일, 뼈세포는 약 10년,
그리고 근육 세포는 약 15년 정도 살지.
그리고 어른들이 나이를 더 들면,
새로 만들어지는 세포보다 죽는 세포 수가 더 많아져.
사람의 몸이 점점 늙어서 언젠가 죽게 되는 것도
세포들이 수명을 다했기 때문이야.'

윤기가 조용하게 물었어요.
'죽지 않는 세포는 없는 거야?
세포가 죽지 않으면, 사람도 죽지 않고 좋을 텐데…….'
'암세포처럼 돌연변이 세포를 제외하고,
정상적인 세포는 정해진 수명이 다하면 거의 죽게 돼.'
뇌세포가 조금은 밝은 목소리로 말했어요.
'세포는 죽기 전에 자신의 죽음을 준비하기도 해.
게다가 쓸모없는 부분이 깨끗이 처리되도록
자기 몸을 잘게 부수기도 해.
죽은 세포는 찌꺼기를 처리하는 다른 세포에게 먹히거나
땀이나 오줌, 때 등으로 자연스럽게 몸 밖으로 나와.'

윤기는 놀라서 물었어요.
'죽음을 스스로 준비한다는 거야? 어째서?'
'그래야 우리 몸이 정상적으로 돌아갈 수 있으니까.
우리 몸은 스스로 건강해지기 위해 열심히 노력한다고.'
윤기는 문득 뇌세포와 처음 만난 일이 떠올랐어요.
'이제야 세포들이 왜 나한테 화가 났는지 이해가 된다.
너희는 몸속에서 열심히 일하는데,
나는 세포를 힘들게만 하고 있었잖아.'
'하하, 그랬지. 하지만 지금은 아니야.
윤기 너는 이제 달라졌잖아?
나와 한 약속도 잘 지키고 말이야.
우리는 네게 고마워하고 있어.'
그때 아빠가 윤기의 어깨를 툭 치며 말했어요.
"윤기 너, 언제까지 때를 밀고 있을 거니?"
"네? 아, 이제 곧 끝나요!"
윤기는 허둥지둥 몸에 물을 부었어요.

윤기는 마음속으로 세포들에게 굳게 약속했어요.
'세포들아, 너희가 더 즐겁게 일할 수 있도록
나도 열심히 노력할게!'

더 알아야 할 교과서 과학 지식

죽지 않는 세포도 있을까?

세포들은 저마다 정해진 수명이 있어요. 그래서 살아 있는 동안에만 분열할 수 있지요. 하지만 세포 중엔 유일하게 죽지 않는 세포도 있어요. 과연 어떤 세포일까요? 바로 무시무시한 암세포예요.

암세포는 본래 병균이 아니라 우리 몸을 이루고 있던 세포예요. 하지만 나쁜 식사 습관, 과로나 스트레스 때문에 정상 세포가 변형된 것이지요. 예를 들어 위 세포가 변형되면 위암 세포가 되고, 간세포가 변형되면 간암 세포가 되는 거예요.

암세포가 생명에 위험한 이유는 엄청난 속도로 세포 분열을 반복하기 때문이에요. 그래서 암세포가 생기기 시작하면 정상 세포가 암세포에게 많은 영양분을 빼앗기고, 살아갈 자리마저 빼앗기지요. 그

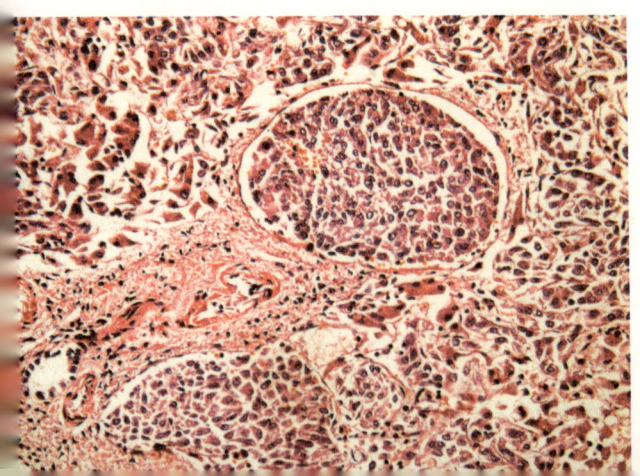
◀ 간에 생긴 암세포

래서 몸의 건강이 점차 나빠지다가 결국 죽게 될 수도 있는 거예요.

이뿐만이 아니에요. 암세포는 죽지도 않기 때문에, 더 이상 먹어 치

▲공 차는 어린이

울 영양분이 없어지면, 다른 조직으로 이사를 가서 그 조직의 세포까지 죽게 만들어요. '암세포처럼 퍼진다.'라는 말을 들어 본 적이 있나요? 그건 바로 끊임없이 늘어나는 암세포의 이러한 무서운 특성을 가리키는 말이랍니다.

암을 예방하려면, 정상 세포가 암세포로 변형되지 않도록 건강 관리를 잘하는 게 무엇보다 중요해요. 몸에 해로운 음식이나 환경을 피하고, 충분한 휴식을 취하며 잠도 잘 자야 하지요. 물론 운동도 적당히 계속하는 게 좋고요. 그러면 정상 세포가 튼튼해져서 암세포로 바뀔 염려가 없겠지요.

아이스브레이크 답

수정란에서는 세포가 분열하면서 세포 수가 늘어나요.
하나였던 세포는 스스로 자신의 몸을 나누며 계속해서 분열해 나가요.
그 세포들은 몸의 각 부분을 이루고, 그러면서 우리 몸이 만들어져요.

세포

Q. 세포가 뭘까?

A. 세포는 생물을 이루는 기본 단위예요. 눈에 보이지 않을 만큼 아주 작지만, 생명을 가진 '살아 있는 존재'예요. 그래서 세포로 이루어진 모든 동물과 식물들은 살아 있는 '생명체'라고 할 수 있지요.

Q. 세포는 얼마나 작을까?

A. 세포는 종류에 따라 크기가 다르지만, 보통은 20~30마이크로미터 정도예요. 1마이크로미터는 1밀리미터를 1,000개로 쪼갠 크기랍니다.

Q. 우리 몸에는 세포가 얼마나 있을까?

A. 사람의 몸엔 대략 60~100조 개의 세포가 있어요. 생물의 몸은 세포 수가 많을수록 크기가 커져요. 그래서 사람보다 몸집이 큰 코끼리는 사람보다 세포 수도 더 많답니다.

Q. 우리 몸엔 어떤 종류의 세포들이 있을까?

A. 사람의 몸에는 뼈세포, 피부 세포, 근육 세포, 신경 세포를 비롯해 적혈구, 혈소판, 백혈구 등의 혈액 세포와 위 세포, 장 세포 등 모두 200가지가 넘는 세포들이 있어요.

Q. 세포가 모여서 어떻게 우리 몸을 이룰까?

A. 우리 몸에 있는 수많은 세포들 중, 모양이나 기능이 같은 것들이 모여서 하나의 조직을 이뤄요. 조직은 모여서 기관을 이루고, 기관은 모여서 기관계를 이루지요. 이렇게 해서 여러 가지 기관계가 모이면 생명을 가진 사람의 몸이 이루어진답니다.

Q. 세포 속에는 무엇이 있을까?

A. 세포 속에는 기본적으로 세포를 보호하는 세포막과 세포의 중심 기지 같은 세포핵, 그리고 세포 속을 채우는 세포질이 있어요. 세포질 속에는 미토콘드리아, 리보솜, 소포체 등의 작은 기관이 있지요.

Q. 세포는 어떻게 숫자를 늘릴까?

A. 세포는 자신의 몸을 두 개로 나누어, 자신과 똑같은 세포를 만들어 내요. 이것을 세포 분열이라고 해요. 세포가 분열될 땐 유전 물질도 두 배로 늘어나서, 새로 만들어진 세포에도 유전 물질이 똑같이 전달돼요.

Q. 왜 어른이 되면 키가 더 안 자랄까?

A. 어른이 되면 세포가 분열해서 새로 생겨나는 만큼 죽는 세포도 많아져요. 그래서 세포 수가 일정하게 유지되고, 몸이 더 이상 자라지 않는 거예요.

Q. 세포의 수명은 어느 정도일까?

A. 사람의 세포는 평균적으로 25~30일 정도 살지만, 세포의 종류에 따라 조금씩 달라요. 백혈구는 약 48시간 동안 살고, 적혈구는 약 120일, 피부 세포는 약 2~4주, 뼈세포는 약 10년 동안 살 수 있지요.

Q. 죽은 세포는 어떻게 몸 밖으로 나올까?

A. 죽은 피부 세포는 비듬이나 때, 귀지가 돼서 몸에서 떨어져 나와요. 몸 속에서 죽은 세포는 땀이나 오줌, 똥을 통해 자연스럽게 몸 밖으로 나와요.